Precious Appreciation

行家宝鉴

黄花梨

连铁杞　严彬彬　编著

海峡出版发行集团
THE STRAITS PUBLISHING & DISTRIBUTING GROUP | 福建美术出版社
FUJIAN FINE ARTS PUBLISHING HOUSE

图书在版编目（CIP）数据

黄花梨 / 连铁杞，严彬彬编著． -- 福州 ：福建美
术出版社，2018.1
（行家宝鉴）
ISBN 978-7-5393-3473-8

Ⅰ．①黄… Ⅱ．①连… ②严… Ⅲ．①降香黄檀－鉴
赏②降香黄檀－收藏 Ⅳ．① S792.28 ② G894

中国版本图书馆 CIP 数据核字 (2016) 第 010570 号

行家宝鉴·黄花梨

出 版 人：郭　武
责任编辑：李　煜
出版发行：海峡出版发行集团
　　　　　福 建 美 术 出 版 社
社　　　址：福州市东水路 76 号 16 层
邮　　　编：350001
网　　　址：http://www.fjmscbs.com
服务热线：0591-87620820（发行部）　 87533718（总编办）
经　　　销：福建新华发行（集团）有限责任公司
印　　　刷：福州万紫千红印刷有限公司
开　　　本：787 毫米 ×1092 毫米　1/16
印　　　张：6
版　　　次：2018 年 1 月第 1 版
印　　　次：2018 年 1 月第 1 次印刷
书　　　号：ISBN 978-7-5393-3473-8
定　　　价：68.00 元

编者的话

　　这是一套有趣的丛书。翻开书，丰富的专业知识让您即刻爱上收藏；寥寥数语，让您顿悟收藏诀窍。那些收藏行业不能说的秘密，尽在于此。

　　我国自古以来便钟爱收藏，上至达官显贵，下至平民百姓，在衣食无忧之余，皆将收藏当作怡情养性之趣。娇艳欲滴的翡翠、精工细作的木雕、天生丽质的寿山石、晶莹奇巧的琥珀、神圣高洁的佛珠……这些藏品无一不包含着博大精深的文化，值得我们去了解、探寻和研究。

　　本丛书是一套为广大藏友精心策划与编辑的普及类收藏读物，除了各种收藏门类的基础知识，更有您所关心的市场状况、价值评估、藏品分类与鉴别以及买卖投资的实战经验等内容。

　　喜爱收藏的您也许还在为藏品的真伪忐忑不安，为藏品的价值暗自揣测；又或许您想要更多地了解收藏的历史渊源，探秘收藏的趣闻轶事，希望这套书能够给您满意的答案。

Precious Appreciation

行家宝鉴

黄花梨

目录

第五章

作品鉴赏

第四章

黄花梨的保养与收藏

黄花梨

黄花梨　朝珠盒（作者：徐元宝）

黄花梨 ° | 收藏与鉴赏

第一章

何谓黄花梨

第一节

什么是黄花梨

黄花梨，学名：降香黄檀，高可达 20 米，胸径可达 0.8 米，树冠广伞形，分权较低，枝桠较多，侧枝粗壮，树皮浅灰黄色。奇数羽状复叶，长 15～26cm，卵形或椭圆形；花淡黄色或乳白色，花期 4～6 月；荚果舌状，长椭圆形，扁平，10 月～翌年 1 月为种子成熟期。它是国际标准 5 属 8 类 34 种红木之一，用途广泛，其木材价值相当高，是特有的珍贵树种，分布于较低海拔的丘陵地区或平原、台地。花梨木心材红褐色或紫红褐色，久则变为暗

图片摘自徐元宝专著《几案之珍》

红色，常含有深褐色条纹，有光泽，具香气。木材纹理交错，自然成形，花纹美观。用花梨木制作出来的家具简洁明快、富丽堂皇，且色泽深沉华美，典雅尊贵，坚久耐用，百年不腐。花梨木家具还能长久地散发出清幽的木香之气。因其成材缓慢、木质坚实、花纹漂亮，黄花梨木与紫檀木、鸡翅木、铁力木并称中国古代四大名木，现为国家二级保护植物。

我国自唐代就已用花梨木制作器物。唐代陈藏器《本草拾遗》就有"榈木出安南及南海，用作床几，似紫檀而色赤，性坚好"的记载。明《格古要论》提到："花梨木出男番、广东，紫红色，与降真香相似，亦有香。其花有鬼面者可爱，花粗而色淡者低。广人多以作茶酒盏。"侯宽昭的《广州植物志》介绍了一种在海南岛被称为花梨木的檀木"海南檀"。海南檀为海南岛特产，森林植物，喜生于山谷阴湿之地。木材颇佳，边材色淡，质略疏松，心材红褐色，坚硬。纹理精致美丽，适于雕刻和做家具之用。

其他常见黄花梨

1. 越南黄花梨：越南黄花梨的形态特征是雌雄异株，雌株有较浓的酸香味，容易与产于中国海南的黄花梨混淆，雄株则几乎没有味道，且难得一见，因为雄株产量较少，比较为人所忽略，但其纹理多鬼眼，心材颜色和纹路颜色也比较深，原木心材容易有轻微裂纹。一般生长在海拔400～800米的悬崖峭壁上，低于海拔400米的地方很少生长。

越南黄花梨

2. 大叶黄花梨：大叶黄花梨这种材质是木业公司在印度尼西亚发现的一个新的树种，当地土名为 Mabiwasa(印尼语意为"比铁还坚硬的木头")，俗称金星黄花梨、印尼黄花梨、黄金黄花梨等，外观酷似香枝 (黄花梨) 木，具极强的观赏性能。木材花纹美观，木纹细腻，油质感强，强度高，材质优良，干缩性能指标与降香黄檀 (海南黄花梨) 接近，比巴西黑黄檀尺寸稳定性好，且强度指标高于降香黄檀和巴西黑黄檀。因此这种材质也被许多业内人士认为是海南黄花梨的替代品。

大叶黄花梨

3. 缅甸花梨：缅甸花梨，学名大果紫檀，主产于东南亚中南半岛，属于《红木》国家标准中紫檀属花梨木，缅甸花梨木的物理特性是：气干密度大于 0.93/cm3 ～ 1.05/cm3，香气浓郁；结构细，纹理交错，以防白蚁出名，生长轮明显，心材红褐色、砖红或紫红色，木屑水浸出液荧光明显。因此，缅甸花梨是红木。有些商家也把一些质量较差的缅甸草花梨、缅甸红花梨、香花梨称为缅甸花梨木，并不符合规范。

缅甸花梨

第二节

黄花梨的源头与产地

据《中国树木志》记载，野生海南黄花梨产于中国海南岛。名贵的海南黄花梨则主要生长在黎族地区，其中尤以昌江王下地区的海南黄花梨最为珍贵。两广沿海，越南部分地区也有出产，海南产量曾几度远超其他地区。20世纪50年代以来，尤其是改革开放后，由于过度开采，产量大不如前。

海南岛产的花梨木，在直观和品质上都明显存在三个不同的品种。海南岛有三大河流，南渡江、昌化江、万泉河。这三条河流，恰恰将三种品质各异的花梨木品种，分属在各自的流域里。

黄花梨 明式笔洗 一木三作（作者：徐元宝）

海楠黄花梨　明式圈椅

一、南渡江

　　南渡江发源于白沙县的南丰山，流经白沙、儋州、定安、澄迈、琼山，至海口新港和沙上港入海，是海南岛的第一大河流。南渡江流域所产花梨木，以木材纹理的丰富、美丽、富有层次感为最显著的特征。以黄颜色为主基色，金黄色或橙黄色居多，还有其他颜色，如紫褐、红褐、橙红、黄红、黄、黄白。呈紫褐色、红褐色、橙红色的花梨木，多生长在带石头的土壤里或干旱、土地贫瘠的地方；橙黄色、金黄色的花梨木，多生长在红壤土或黑土壤里；黄白色、灰白色的花梨木，多生长在夹带小石的黏土里，这个品种极少，不具代表性。南渡江流域所出产的花梨木是海南岛出产的所有花梨木中，木材纹理最丰富、最美丽的一种。人们所喜爱的"鬼脸"、"狸猫纹"、"行云流水纹"、"烟雨纹"，在该品种里出现的概率是最高的。其木材纹理分大花、细花和色块状三种。

海南黄花梨 民国款脸盆架

大花：构成花梨木花纹的黑色或褐色的纹理线条较粗，形成的图案也大，颇有粗犷、奔放感。

细花：构成花梨木花纹图案的木纹线较细且密，构成的图案精巧、细腻、雅致。

色块花：顾名思义，就是以不同颜色的块状构成，最为显著的特征是花梨木的木材表面是由大块没有层次的灰白、象牙黄的色块与黄色、褐红色的色底构成。这种灰白、象牙黄的色块并非是花梨木的边材，它材质密度、硬度、耐腐性、抗蚁食性等各种性能与其他心材是一致的。

大花醒目、生动、奔放、极富动感；细花精美、雅致、有趣、迷人；色块花纹理差，缺乏美感。

通常直径小于10厘米的小径心材，花纹最为丰富。人们喜爱的手串"狸猫纹"多，而树干部位的大径材和树根部位，则多为"行云流水"的纹理，且显得丰富老到。

京城人常说："颜色为黄，纹理美丽、生动，乃黄花梨木也。"这种材质的花梨木，从制作家具用材角度取名，以木材颜色划分，同时也为今后花梨木家具价值的细分做铺垫，应称该流域出产的花梨木为海南黄花梨木。

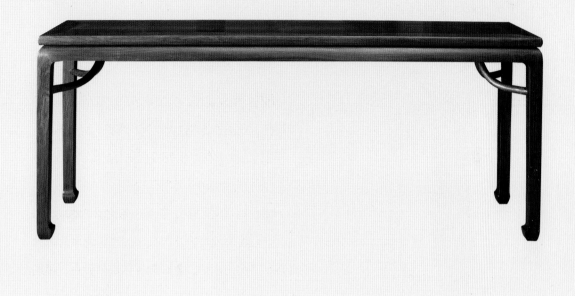

海南黄花梨 明式条案

二、昌化江

昌化江为海南岛第二大河流，发源于五指山林背村南岭，横贯本岛西部，流经琼中、保亭、乐东、东方至昌江县昌化港入海。昌化江虽未流经三亚市，但由于三亚地区所出产花梨木与该流域所流经地区出产花梨木的品质相同，因此，将三亚地区所产花梨木归入该类。

"既金坚而玉润，亦鹤骨而龙筋。"（清　皆子瞻《粤东笔记》）这句话十分形象完美地勾勒出该流域出产花梨木的品质。紫黑色的木材，坚硬而柔韧，打磨过后，显露出玉质般的温润、极具亲和力的质感。同时，它的质感充满着神秘莫测的变化。

清《崖州志》中，对海南花梨木的区分是这样描述的："花梨，紫红色……气最辛香。质坚致，有油格、糠格两种。油格者，不可多得。"书里所描述的"油格"，或许就是指该流域所出产的花梨木。现今海南岛居民普遍称这类品质的花梨木为油梨。油梨，顾名思义就是木材含油量高。这种品质的花梨木不仅含油量高，而且心材密度大，普遍比重都大于水。锯开的木料，木油连同木糠厚厚地贴在木材的断面上，用手去摸，还会有油腻腻的感觉。这种质地的花梨木，

海南黄花梨 明式二联橱

稍加打磨就会显得明亮、光润。烫蜡后，多数木材还会呈现若隐若现半透明的琥珀质感。木油的丰富，或许就是造成木材呈半透明琥珀状的原因。这种品质的花梨木，在当地刚伐下来不需要等风干，即可用来制作家具。做成后的家具在当地的使用过程中，也不会发生变形、收缩的情况。该类花梨木即使是新料，由于颜色较深，制成后的家具与用存放多年的老花梨木制成的家具相比，在视觉上相差无几，若无经验者，一般不易分辨出来。至今当地海南人认为这类花梨木是本岛所有出产的花梨木中最好的，也是目前海南岛花梨木中产量最少而价值最高的。

　　昌化江流域出产的花梨木，木材颜色较为深沉。以褐颜色为其主色调，褐红色和褐灰色居多，还有紫黑色、紫褐色、红褐色、橙黄色。以黎母山脉的白沙县青松镇至昌江县王下镇由东北向西南的这一段地方出产的木材颜色最深，呈墨黑、紫黑色。昌化江流域的木材颜色，随着黎母山逐渐向四周放射，而木材颜色也随着不同方向发生颜色的改变和由深至浅的渐变。向北至白沙县的邦溪、打安，昌江的十月田，颜色由紫黑色向橙黄色渐变；向西至乐东的尖峰，东方市的大田，颜色由紫黑色向灰褐色渐变；向南至乐东的千家，三亚的崖城，颜色由紫黑色向红褐色渐变；向东至琼中境内，屯昌的南坤，颜色由紫黑色向红黄色渐变。

刚伐下来的花梨木削去边材时，心木表面余留下的边材颜色是淡黄色的，随着木材逐渐地干燥，余留下边材的颜色，也由淡黄色渐变成白色。随着贮藏时间延长，当超过20年后，木材外表遗留下的边材全无，心材外表的颜色呈现紫褐色。该类花梨木心材的失水率低，从伐下至存放10年左右彻底干透后，木材失水率约为10%—15%。放置的时间越长，木材就显得越重且坚硬。相对于海南岛其他产地的花梨木，它的出材率是最高的，心材生长较为均匀，边材侵入心材的现象较少。但是，2米以上的直料和直径超过30厘米的大料极少。

木材纹理并非该流域出产花梨木的主要优势，"行云流水"纹、"狸猫"纹，也偶有出现，多见的是"山水纹"、"竹丝纹"。材径越大的木料，纹理越简单，多是直顺的纹理。构成木纹的纹理线，一般是由黑色、褐色的线条构成。以紫褐色或红褐色为底色，由象牙黄般呈螺旋或放射状的线条组成的纹理最为美丽，也是最稀有的。

该流域出产的花梨木，最显著的优势在于木材的质感：晶莹剔透，如琥珀一般；温润如玉，显露出绸缎般的光泽，变化莫测，若隐若现，十分神奇。

海南黄花梨　小底座(图片提供 明红雅集)

黄花梨　茶壶（图片提供：徐元宝）

　　自古以来，昌化江流域是黎族同胞世代居住的地区。不论什么木材，黎族同胞砍伐木材后，都是将其运回家，随意堆放在空旷的露天场地。普通的木材堆放在露天，绝大多数易腐、易虫蚀，开裂在所难免。而花梨木堆放在露天，除边材极易被虫食腐烂外，心材却不会发生腐烂、虫蚀、开裂和变形的现象。而且，花梨木堆放在露天场地，任凭风吹、日晒、雨淋，经历岁月反复的潮化过程，变得更加坚硬、沉重，丢在地下会发出金属般当当响清脆的声音；锯开后，木材颜色显得更加艳丽，纹理的层次也越加明显，立体感更强。这是花梨木有别于其他木材的优点之一。

　　有别于其他木材的优点之二：绝大多数木材在夏天，触摸表面的感觉是温暖的；该流域出产的花梨木，感觉却是清凉的。昌化江流域所出产的花梨木，以昌江王下镇的品质最为突出。王下镇位于黎母山脉的霸王岭腹地，四周大山，处在大山当中相对的盆地里，属海南岛为数不多的几个绝对贫困地区之一，环境十分封闭，20世纪末才通电，21世纪初才通路，是黎族同胞世代居住的地方。就是这样的地方，上天却降生出举世无双、无比神奇的花梨木。

　　王下地区出产的花梨木，木油含量特别丰富，木材乌黑发亮，材质最坚重，木材密度特别高，比重大于水，放入水中即沉。敲击其声音清脆，原木抛在地上，会发出如金属般清脆的声音。

黄花梨 明式翅头案

存放的时间越长，木材显得越重。而且，木纤维长呈交错扭旋状，使木材更加坚韧。该地出产的花梨木里能见到呈象牙黄般纹理线的木纹。这种象牙黄般的纹理，在深褐色的衬托下，更显得绚丽多彩。而它的美十分含蓄，深深地打动人们爱美之心。这种美材不知是否因该镇地下蕴藏丰富的铁矿所致。

东方市是海南岛出产花梨木最多的地区。出产的花梨木以灰褐色的木材居多，也有紫褐色、褐色、红褐色的。大广坝水库东岸的南浪至西岸的江边乡与昌江县王下地区为邻的地方出产的花梨木，其颜色多为紫黑色、紫褐色；往西至四更、感城、板桥等地方出产的花梨木，颜色由紫褐色向灰褐色渐变。木材的纹路多属直顺的纹理，兼有"狸猫"、"烟雨"纹。

乐东地区所出产的花梨木和三亚地区所出产的花梨木，由于稍离黎母山脉的缘故，颜色已由紫黑渐变至红褐色和灰褐色，但材质与昌化江黎母山脉产的如出一辙。除颜色变外，木纹的纹理也变，而且变得愈加美丽，"狸猫纹"的螺旋斑纹较大，"行云流水纹"相对多了。但顺直的"竹丝纹"依然居多。

白沙地区境内所产的花梨木最为奇特。白沙县境内有条珠碧江，珠碧江发源于该县中部南高岭，流经该县西北部，由儋州市的海头镇注入北部湾，全长 85.5 公里，呈东西走向。珠碧江是昌化江流域花梨木和南渡江流域花梨木的"分界岭"。北岸出产的花梨木，绝大多数属海南黄花梨木的品质，颜色金黄，木质柔和细润，属南渡江流域系的品质；南岸出产的花梨木，颜色深，为褐色，较北岸出产的材质坚硬许多，含油量也多；比重多大于水，故置入水中必沉，属昌化江流域系的品质。虽一江之隔，品质却截然不同。

称之为油黎的这种花梨木，在东方、乐东的局部地区里，由于地表土壤薄、地下布满岩石，它的根部是呈横向生长的板根状。它是降香中药里的一味药材，据云："降香木过去来自印度黄檀心材，但本种不亚于舶来品。"

在潮湿的海南岛，即使是油梨这种坚硬而耐腐的木材，也较容易受到风化，特别是将制成的器物或家具置放在阳光直射或阴暗潮湿的地方，风化的程度会加剧。一件家具，若置放在上述的环境里 50 年，就会如同已用过百年的一样，风化后的木器表面会随木材纹理，形成不规则细小的沟状，颜色发白或发黑，家具四根脚的底部出现霉烂的现象。但是，这种情况在长江以北干燥的地区，则绝少出现。

昌化江流域出产的花梨木，木材的髓心常伴有裂心的现象。当锯开圆木时，你会发现：木材髓心位置有条从头到尾，如牙签般大小的裂痕，这种裂心，通常称为木材的水心痕。根部空（腐）心现象较多。锯解这类花梨木时，锯片与木材摩擦产生的热燃烧了木油，冒出缕缕蓝烟，辛香味特浓。工人长期在此环境下工作，渐渐会对其香味失去嗅觉，而离开此工作环境一段时间后即可恢复。锯开木材断面有一层油，如同刷上去的一样，油腻腻的。木材的硬度、韧性和木质的密度也是最高的，它的稳定性（主要指收缩性）也是已知花梨木中最好的。

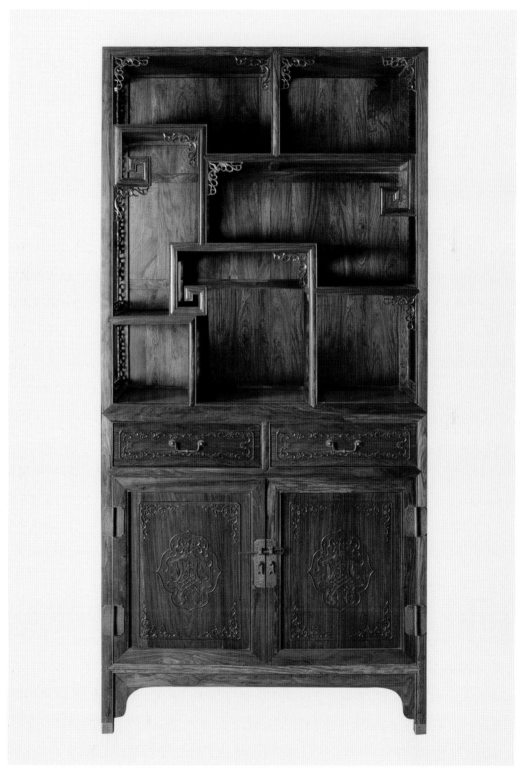

海南黄花梨　清式多宝格

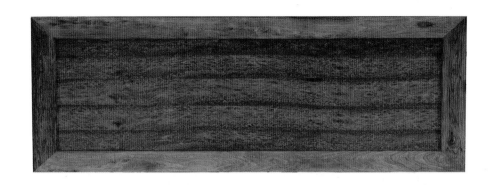

海南黄花梨 明式平头案

三、万泉河

　　万泉河发源于琼中黎族苗族自治县五指山的和风门岭，流经琼中、万宁、屯昌至琼海市的博鳌入海。万泉河虽未流经文昌市，但该市出产的花梨木与该流域出产的花梨木品质相同，因此，也将文昌地区所产的花梨木纳入该类。

　　该流域出产的花梨木主要产地多集中在文昌、琼海这两个地区。据考察，现今生长在这两个地区的花梨，树径一般都在 26 ～ 39 厘米之间；树龄约 30 ～ 50 年，多生长在院落、村旁，房前屋后，多株密集，相对挺拔，不具有野生林的特征。各乡村过百年的老宅里，很少发现用本地产的花梨木制造的房梁、柱、门、窗和农具、家具、杂具等，村民家里也极少有存放超过

30 年的本地产花梨木老料。调查结果显示：现今在该地区生长的花梨木，多为 20 世纪 50 年代前后，由外出工作的村民，从海南岛各地采集种苗回家种植的；一些村民家里使用的花梨木家具，也多是用从海南岛各地买回来的花梨木打造的，或购置后搬回家的。

琼海、文昌地区所产花梨木多属人工种植，品质也呈多样性。这两个地区的西部与定安、屯昌、琼山相邻地方出产的花梨木，其品质几乎与南渡江流域出产的花梨木品质没有区别。但文昌局部地区带小石粒黏土的地里生长的花梨木最为特殊，其特点：心材颜色以白色为主基调，灰白、略带浅粉红；木材的含油量极少，材质疏松，密度低；纹理虽算丰富，但不够清晰，层次感差。它应称白花梨木。这种花梨木的产量极少，在海南岛的花梨木老家具里，也未曾发现。

生长在与琼山地区接壤的红壤土地区出产的花梨木和南渡江系的花梨木同属一种品质。但是，生长在海边沙质土或内陆沙质土的海南花梨，其木材品质就大不一样了。其特点：颜色为灰白色、淡黄色；纹理层次不明显，底色为灰白色；淡淡的粉红色条纹构成木纹纹理，也有"狸猫纹"、"烟雨纹"、"山水纹"；含油量少、香味淡；木质纤维稍松。

不论是什么品质的花梨木，最佳的干燥方法，只能用传统的自然风干法。绝对不能用水蒸、煮或用热炉烘干。否则，海南花梨木中最珍贵的花梨油将荡然无存。失去油性后的花梨木，如同人失去了灵魂一般，不但外表干涩，失去圆润的光泽，而且也没有了花梨木应有的高贵木香。

用"油梨"、"坡梨"来称呼花梨木，既土气，又不直接，也不全面，更不文雅，与其尊贵的地位极不相称，同时，也无法科学、系统、详细、清晰地表述它。根据多年的观察，从家具制作用材的角度，科学地划分海南花梨木，应该本着"简单、明了、直观、全面、清晰、容易"的表述原则。按此原则，根据海南岛产花梨木的品质，将海南岛昌化江流域出产的、以褐色为主色调的花梨木，称为紫花梨木；将海南岛南渡江流域所出产的、以黄色为主色调的花梨木，称为黄花梨木。因白色花梨木不具普遍意义，所以不作重点划分。

黄花梨 纳福盘（作者：徐元宝）

　　不论黄花梨木，还是紫花梨木，它们都有一个共同的特点，即：木材颜色越深，木质的密度就越大，木材的含油量就越高，木材的比重也越大，木材的坚硬度也越高；木材的材径愈大，木材的纹理相对就越简单。

　　海南岛五指山市（原称通什市）因海拔高、超出适合花梨生长的环境，不生长花梨。而陵水、万宁这两个地区，却有一个罕见的现象：该地区地处沿海，海拔不高，地形、地貌、环境、气象、土壤、温度等诸多方面与相邻地区相差无几，但从有关资料的记载和现今多方调查，至今暂无迹象表明这两个地区有野生花梨生长。

　　古往今来，海南花梨木一直受到人们的喜爱，因此有许多描述和介绍海南花梨木的书或文字片段。这些描述和介绍，由于受到许多局限，不是过于简单、就是不够全面和详细。读者们甚至也会发现，某些描述、介绍，与本文所描述和介绍相比较，可能会出现较大的差异。本文力图完整、详实地将海南花梨木介绍给读者，若有与他人介绍不同之处，不妨留给广大花梨木爱好者自己去思考、辨析吧。

第二章

黄花梨的特征及鉴别

第一节

海南黄花梨材质特征及其鉴别

　　黄花梨又称老花梨，学名"海南降香黄檀"。海南花梨木，在木材学名里依然是沿用植物学名称"降香黄檀"，颜色由浅黄到紫赤，鲜亮艳美，纹理清晰而有香味。明代比较考究的家具多用黄花梨木制成。黄花梨的这些特点，在制作家具时多被匠师们加以利用和发挥，一般采用通体光素，不加雕饰，从而突出了木质纹理的自然美，给人以文静、柔和的感觉。目前市场上流通的所谓"黄花梨"绝大多数为越南花梨、老挝花梨、缅甸花梨、柬埔寨花梨等，其色彩纹理与古家具中的黄花梨稍有接近，唯丝纹极粗，木质也不硬，色彩也不如海南黄花梨鲜艳。通过对木样标本进行比较，在众多花梨品类中，当首推海南降香黄檀为最。据传海南降香黄檀

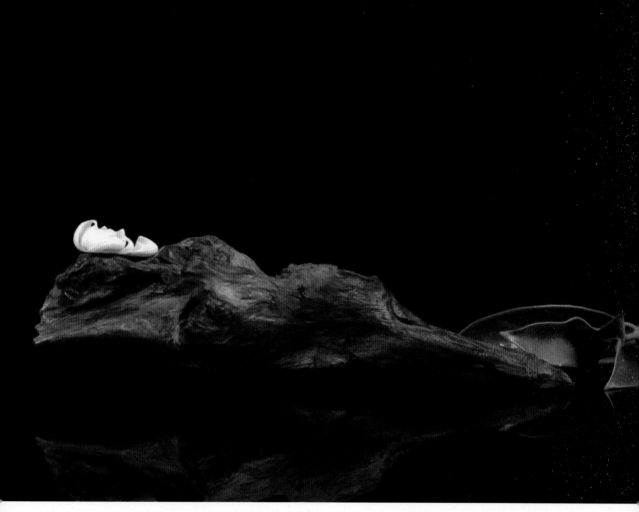

海南黄花梨　香插（图片提供：明红雅集）

木锯屑浸泡之水饮用，可治疗高血压，被当地人称为"降压木"。海南降香黄檀主要生长在海南岛西部崇山峻岭间，木质坚重，肌理细腻，色纹并美。东部海拔度低，土地肥沃，生长较快，其树木质既白且轻，与山谷自生者几无相同之处。

一、看。看木材的外表特征。海南花梨木因其木材的稀有和昂贵，无论是在历史上还是在当今，人们在用锛劈边材时，总是小心翼翼，唯恐将心材劈多了。大的心材可卖每斤百元以上的价格，而劈下来的小块心材，当药材至多卖几元一斤。价格的悬殊，使得海南花梨原木的外形总是饱满的，也是比较理性的，绝不会出现非理性的无缘无故的缺口。

根部料不论纹理，还是质感，都是非常美丽的。因此，人们常常会使用较大的根部料来制作椅子、几等一类的家具。老的海南花梨根料，表面发黑且坚硬、光滑。而老的越南黄花梨根料，表面发红且有一层像土一样的酥松层，用指甲轻轻一刮就会掉落。

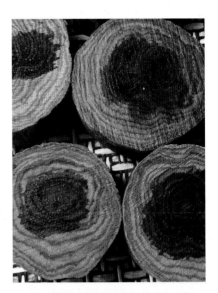

二、劈。主要指劈开后看材质肌理特征。人们抓住了海南花梨木肌理细腻、圆润光泽的这一特点，故在识别木材时，一般都会用刀或斧侧向地在木材表面劈出一小片断面，从中观察木材断面的细腻度、光感度，凭经验分析和判断。一般来说，用刀或斧劈过后留下的断面，若是细腻、光滑、发亮且木纤维细、棕眼密的，则具有了花梨木通常的特征，那会留下初步较好印象。否则，将会特别小心，留下疑虑。

三、烧与闻。判断和区别木材的香味：烧是为了更好地闻出花梨木特有的香味，它是对花梨木检验特有的重要手段之一，目的是对木材的香味作出辨别。这种方法的缺点是带有严重的个人经验性，无法普及和用文字进行详细、清楚的表述。

四、掰。根据海南黄花梨木的韧性特点，考察木材的韧度。掰断木材后，若出现"藕断丝连"现象，则初步认为是海南南黄花梨木。

五、浸泡。观察木材里的荧光素。将需检验的木材碎片放入天那水里浸泡，数小时后观看，若瓶中的天那水表面浮有一层黄色的荧光液，而且这层黄色荧光液无论如何摇动，一旦停手，黄色荧光液又立即浮现在天那水表面，有这种现象的，就是海南花梨木。

第二节

越南黄花梨材质特征及其鉴别

越南黄花梨，实际上仅指产自越南南部自贡一带与老挝接壤山区里出产的花梨木，这种木材现在被市场上称作"越南花梨木"或"越南黄花梨木"。这是本章用于与海南岛产花梨木进行比较的木材。

越南与我国广西壮族自治区相邻。明代，越南北部与广西接壤的地方称为交趾、安南。越南曾经是我国封建统治时期的藩属国。因此，历史上产自越南地区的许多土特产，长期也以贡品方式输入中原。产自交趾、安南地区的花梨木，在明朝也是一项主要的贡品。

确切地说，越南黄花梨木不失为大自然赐予人类杰出的木材之一，它同样为中国明式家具的艺术辉煌做出杰出的贡献。现在人们看到明清时期流传下来，被称为明式黄花梨木家具和清式黄花梨木家具中，可以辨别出相当数量的家具是用产自越南地区的花梨木制作的。20 世纪

越南黄花梨　老虎纹底座（图片提供：明红雅集）

末和 21 世纪初，在广东地区和北京城里及北京市的周边地区，都能见到大量被称为"越南黄花梨木"的木材所制作的家具。这些木材就是来自越南南部自贡山区和老挝出产的花梨木。现在市场都约定俗成地把这类木材称之为"越南黄花梨木"。

越南产的花梨木从品质划分，大致有两种；一种是木质较为细腻、花纹丰富、产量少、品质高；另一种木质较粗，纹理简单，多为山水纹，产量大，品质差，业内人称为草花梨。前者较为珍贵，后者较为普通，大量被人们用于制作上漆的红木家具。但是，它们在植物属性中并不存在本质上的区别，按现代植物分类学都将它们归为豆科类、蝶形花科的紫檀属。只是由于环境、土壤、气候差异影响所致，造成了二者品质上的差异。

在国内，无论是从植物学的书籍里，或是研究中国古典家具的书籍里，都无法寻找到介绍越南产花梨这种植物的相关资料。手头上有关产自越南这种花梨木的资料缺乏，没有从更深层次对该种类植物和木材进行系统、仔细的研究和分析。因此，以下对海南产花梨木和越南产花梨木比对中所引用的，都是从长期从事买卖这两种木材的商家和使用这两种木材生产制作家具的生产厂家中，一致对这两种木材的直观特征和相互差异之经验汇总。

越南产黄花梨木在制作明清家具所使用的硬木类中，除了无法与海南岛产花梨木相媲美外，也不失为品质卓越的木材。在称之为花梨木的木材种类里仍然是佼佼者，是其他产地出产的花梨木无法与之相比的。毫不夸张地说，海南花梨木与越南黄花梨木就像是木材中的同胞"姐妹"，彼此之间存在着许多相似之处：

一、在木材纹理特征上，海南花梨木与越南黄花梨木有着非常相似、相近的纹理，都有"鬼脸"纹、"狸猫"纹、"烟雨"纹、"山水"纹和"竹丝"纹这些典型特殊的纹理。在用于制作中国古典明清家具的材料中，再也找不出像海南花梨木和越南黄花梨木纹理如此相似的硬木。

二、海南花梨木和越南黄花梨木的木质都十分坚韧和细腻，这两种木材的木性，也是其他产地的花梨木所不能与之相比的。

三、海南花梨木和越南黄花梨木的木材里都含有十分丰富的植物油。

四、海南花梨木和越南黄花梨木的木材，都有相同的颜色，它们都有褐红、橘红、橘黄、金黄、黄、黄白等颜色。

五、海南花梨木和越南黄花梨木都有木香味，而且其香味也非常接近。但只有亲身体验才能感受到它们之间的区别，用文字是无法对其差异进行表述的。

海南岛产花梨木与越南黄花梨木如此相似，以局外人来看确实差异不大，若不将两种木材放在一起进行比较并加以说明，一般人是难以准确分清的。早在20世纪80年代，就有人将越南产黄花梨木运到海南岛来充当海南花梨木出售，这种现象直至今天依然存在。将一些越南黄花梨木混入海南花梨木中，不仅能骗过普通人的眼睛，即使长期以买卖海南花梨木为营生的人，对海南花梨木频繁接触的人，并且对这两种木材有所认识的人，也时有走眼，被别人蒙骗的事情也常有发生。

人们知道，高水平仿制的绘画赝品与真品，它们之间的表象是非常相似的，其差异是非常微小的。而正是由于这种"非常微小"品质上的差异，使得真品与赝品间存在着本质上的差别，价值也是天壤之别的。艺术，正是在这种微小的差异中进步、发展和成熟，体现出它的价值。人们正是在这种微小的差异中进行学力和眼力的较量，并在较量中孕育和产生出具有中国文化艺术鉴赏特色的眼学。正是通过对这些微小差异的辨别，检验人们鉴赏眼力水平的高低，也因此在艺术品古玩市场里才会产生"淘宝"和"鉴定"这两门学问。

第三节

海南黄花梨和越南黄花梨的区别

海南花梨与越南花梨生长在同一地球纬度上，它们在中国明代，携手共同创造出明式家具的辉煌。今天它们又不忘携手、同时出现，为中国明式家具文化的弘扬再次献身。而在历史上被称之为"花梨"的木材中，这两种木材，不论在表象上，还是在木材的颜色和纹理上，都有着极为相似的特征，但越南黄花梨木却不如海南花梨木那么尊贵。这是为什么呢？

尽管海南花梨木和越南黄花梨木在纹理特征、木材质感、木材颜色、木材气味等诸多方面有着共同相似之处。但是海南花梨木与越南黄花梨木在许多方面都存在着差别：

越南黄花梨 笔筒 《指日可待》（作者：徐元宝）

一、本质差别

首先，在现代植物学分类中，海南花梨木属植物类别中的蝶形花科的黄檀属，它被植物学界认定为在世界范围内，唯独发现生长在中国的海南岛，植物学称之为"降香黄檀"；而越南花梨在植物分类中属蝶形花科的紫檀属，植物名称为"越柬紫檀"。海南花梨木和越南花梨木虽俗名中都称之为"花梨"，但实际上是"一名多物"的反映，在植物分类中，它们分属不同的植物类别。

二、品牌上和心理上的差别

从史料中考证，海南花梨木是最早被人们引入中原地区的热带雨林木材之一。虽说当初它是以香料用途被引入中原，但到了明代，它却在众多适于制作家具的木材中脱颖而出，从而建立了它在明清时期乃至今天，制作明清式家具木材中牢不可破、傲里拔尊的地位。由于长期以来对明清家具文化的贡献，海南岛产花梨木的品牌早已植入人心。每当人们说起海南花梨木时，它留给人们的品质印记是高贵、珍稀和卓越极品。而与海南花梨木相比，越南黄花梨木在这方面可逊色多了，可以说是无法相提并论。

三、珍稀程度的差别

海南花梨木品质卓越，但资源有限且产量极低，因而就显得尤为珍贵。与海南花梨木相比，越南黄花梨木的产量大，且老料、大料、直料、宽料、长料，40～60厘米宽，2～4米长的木料常见。而这种规格的海南花梨木早已绝迹，现有仅为新料、小料、短料和弯曲料。越南黄花梨木在老挝也有分布，而且贮藏量比越南还大。

四、品质的差别

虽说物以稀为贵，但经典的奢侈品，最终还是以品质定天下。海南花梨木无论木材纹理、质感，还是颜色、性能，都比越南黄花梨木优越。

（一）纹理的差别

海南花梨木的纹理不仅极为丰富，变化无穷，动感强烈，而且生动、细腻、文雅、层次分明、富有渐变，因此构成了海南花梨木的灵魂。其纹理的最大特点：木纹的各种纹理图案都是由黑色、棕褐色或象牙黄色，或象牙白色，或多种颜色相互共存，以线的形式构成木材的纹理图案。并且所表现的纹理线，无论是线与线之间，或是图案与图案之间都非常分明、清晰。即使是若隐若现的朦胧纹理，图形间的层次、渐变、过渡也毫不含糊，十分自然。

而相形之下，越南黄花梨木的纹理就是显得僵硬，木材纤维粗犷缺乏动感，如麻丝状，且表现得朦胧而不够清澈，缺乏层次感。木材纹理以"竹丝纹"、"山水纹"居多，也有"烟雨纹"、"行云流水纹"，"鬼脸纹"、"狸猫纹"，却十分稀少。越南黄花梨木纹理的最主要特征：木纹的纹理图案是由密点状和散点状的形式构成，由于构成纹理的黑点分布极不均匀，所构成的纹理就显得不够清晰、缺乏生动，略带僵硬、缺乏动感，缺乏层次，没有活灵活现的美感。

(二) 质感的差别

海南花梨木的质感是它的精华之所在。如玉般的圆润、琥珀般的剔透，玻璃釉般的晶莹亮丽，构筑了海南花梨木的精髓。越南花梨木在质感方面与海南黄花梨木最大的不同表现在：越南黄花梨木无论如何处理，都无法显露出琥珀般通透的视觉效果；木质的亮丽程度，也远远不及海南花梨木；由木质圆润感所产生的亲和力，也无法与海南花梨木相比。

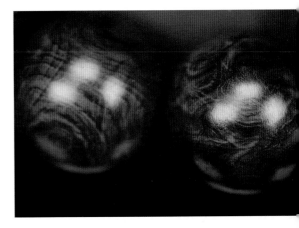

造成这样的原因固然有许多，但我们可以直接看到的是海南花梨木内含植物油特别丰富。据制药厂提炼的结果显示，海南花梨木里的含油量要比越南黄花梨木里的含油量高出30％以上。正是海南花梨木里含有丰富植物油的这一特性，使得木材因此显得圆润光泽、晶莹剔透、亮丽生辉。而越南黄花梨木内所含的植物油未能达到这种效果所需的临界，所以就显得干涩而无圆润通透的质感。

(三) 色感的差别

海南花梨木的木材色底干净、清澈、亮丽，且十

海南黄花梨　手串

分稳定。除非放在室外暴晒，木材表面颜色会发白变浅，若放在室，其颜色、花纹百年不变。而越南黄花梨木的底色，因受其纹理黑色密点且散布不匀之影响，木材色底显得较为混浊，似乎形成朦胧的表层，稍嫌轻浮，缺乏沉稳，且常出现带有分散点状的黑色小霉点。而这种小霉点还会渐渐增多、扩散，最终形成片状的黑斑（原因不明）。这种情形较为常见，使家具黯然失色许多。就木材的颜色而言，海南花梨木和越南黄花梨木的颜色都呈多样化，也大致相同。深颜色的有：紫褐色、红褐色、褐色；浅颜色的有：橙红色、红黄色、黄色、浅黄色和泛白的黄色。而木材颜色，不论深色还是浅色，的其细微的差别，都有一个共同的特点：海南花梨木显得沉稳，也特别纯正；越南黄花梨木略有轻浮、烦躁、混浊的感觉。不过，这种轻浮、烦躁的颜色会随着家具使用时间的增加，而渐渐变得稳定。

（四）香味差别

看似简单的味觉比较，用文字来描述却是件很复杂的事情，离开参照物，就无法做出准确形象的表述。因此，在书中用香味来区别海南花梨木和越南黄花梨木，特别是对从未接触过这两种木材的人，或用于鉴别成器型的家具，都不具有现实意义。

海南花梨木和越南黄花梨木的木香味，都不仅是

越南黄花梨　手串

一种单纯的气味。总体来说，海南花梨木的香味是带有浓郁的辛辣香味，还稍有一些"劲头"感，而越南黄花梨木的木香味为淡淡的清香味，味中还带有轻微的酸味。但是，海南花梨木和越南黄花梨木的木香味，至少都有十多种各不相同香型的木香味，这些木香味两种木材彼此相近，差别非常细小。即使是经常接触这两种木材的人，仅凭木材气味，也无法做出准确的判断。它们彼此间都有一个共同特点：木材的颜色越深，味道就越浓烈；木材的颜色越浅，其香味就越清香。不论海南花梨木，还是越南黄花梨木，一旦制成家具并置放久后，所散发出的木香味几乎是一样的。

（五）木性差别

对当今产自海南岛的花梨木和产自越南的花梨木做充分的比较之后，其结论是：海南岛产花梨木的木性要比越南产花梨木稳定。所谓木性稳定，是指将制作完成的家具，从产地转移过赤道南或赤道北的地方安置，观察其收缩或膨胀的结果，收缩或膨胀的系数越小，木材越稳定，反之欠缺。

经多次实验证明：用同样的风干方法，相同的风干时间，或放入烘干房进行人工烘干，烘烤的时间相同，将处理过的两种木材，同时制成家具发往北方，一到北方，两者的稳定性之别就显露出来了。用海南花梨木制作的家具抗收缩性强，复回力也强。

海南花梨木极强的稳定性，或许是因它具有独特的木纤维结构和内含丰富的植物油所致。海南花梨木的纤维是呈人字或相互扭转交错型的结构。同时，其木材里含有丰富的植物油，使木纤维结构的间隙始终处于饱和状态，所以它的韧性和稳定性都极强。越南黄花梨木的木纤维呈直顺状的排列结构，它所含的植物油比海南花梨木低，因此它的木质就显得缺乏稳定。再者，海南花梨木的韧性强，而越南花梨木较脆。可以各取一根牙签般大小的两种木材，进行简单的折断试验作比较，海南花梨木用力掰不仅不容易折断，即使被掰断，也会出现"藕断丝连"的现象；而越南黄花梨木容易掰断，也不会有"藕断丝连"的现象。另外，在用手工刨这两种木材时，海南花梨木的刨花不易断，成条成条地飞出；而越南花梨木的刨花不成条，断成一小段一小段。这也是辨别两种不同木材的方法之一。

黄花梨　明末清初款八仙桌

海南黄花梨 镇尺 一木两作（作者：徐元宝）

行家宝鉴
Precious Appreciation

黄花梨 ° | 收藏与鉴赏

第三章

黄花梨的文化与艺术

第一节

黄花梨的文化

自我们远古的祖先，在甲骨上刻出那些神秘符号的那一刻起，就注定了我们的民族数千年来必定在线条艺术上追求与创造，并演出千古传奇。明式家具正是中国人在继书法之后，又一将线条艺术推向登峰造极的体现。

明式花梨木家具流露出给我们的感觉：

隐晦与彰显、雍容华贵与自然典雅、生动飘逸与沉稳大方、丰腴饱满与简练方圆、神情泫然与山恬澹安详；简单、沉稳、淳朴、质美；在秀美雅致、简练明晰的风韵中，在生动、典雅

黄花梨 帽筒 一木套作（作者：徐元宝）

的一贯风格中，花梨木的纹理有时又给人一种妩媚动人的感觉；颜色纯正、温润光泽、质地细密、纹理生动、风趣、诡秘……

在文明社会里，物质生活和精神生活都是人们所不可或缺的。当物质生活得到满足后，精神生活就显得尤为重要，它甚至支撑起人的生命。但愿人们在欣赏明式花梨木家具文化的同时，能明白数百年前明式花梨木家具为什么给皇帝带去尊贵的享受，进而给天子的精神带来满足和愉悦，使之获得前所未有的荣耀并被推至象征至高无上的皇权。

产生于明朝中晚期的明式家具，就是被当今人们挖掘出来的古老东方又一颗璀璨的艺术明珠。它是明朝文人将对中国诸家哲学思想的认识、对人生理想的感悟、对大自然的眷恋、对美好生活的愿望……植入家具并融会贯通的产物。在此基础上，古代文人与工匠们携手，提炼出简洁典雅、适度准确的比例关系，科学严谨的榫卯结构，巧妙的仿生原理；提炼出世界木材之精华，运用花梨木自然的纹理与质感，创造出简洁、清秀、空灵、典雅、尊贵的家具艺术经典，从而达到至今未有超越者的家具艺术巅峰。

中国古典明式家具的艺术成就，是迄今为止能被东西方文化艺术界一致认同的中国古代文化艺术的一朵奇葩。而在成为世界古典家具艺术经典的明式家具当中，毋庸置疑，当属用花梨木制作的明式家具最为经典，最为杰出，最为珍贵。

花梨木以其纹理的美丽而富有动感，丰富而极具变化，华丽而典雅，复杂而不喧闹；温润、细腻、光洁、手感滑润的木质，稳定不易变形，柔韧易于雕刻的木性，并能散发出弥漫恒久的清香，以其品质的卓越，著称于世。与用紫檀木、酸枝木……制作的明式家具相比，花梨木明式家具更显得傲里拔尊，是古典家具中不可多得的稀世珍品。

换一个角度审视，明式花梨木家具更像是成年人的"玩具"。而玩具最大的功能，就是能使人产生浓厚的兴趣。而对趣的理解：知趣不知理，痴也；知理不知趣，呆也；知趣知理者，智也。因此，喜爱明式花梨木家具，不应仅仅停留在感性上，还要了解它，从根本上读懂它，将其上升为理性，从而细细地品嚼出个中的奥妙。

语言是人们相互交流情感，彼此间增进了解、沟通的工具。同样，明式花梨木家具也有它自己固有的语言。要了解它、欣赏它，并从中找出理趣，首先就要学会读懂花梨木家具的语言，充分理解明式花梨木家具的理源与趣因，从而才能真正领悟和欣赏明式花梨木家具的艺术真谛。

欣赏明式花梨木家具，是欣赏艺术和欣赏思维的具体体现。艺术欣赏有其共性，但不同门类的艺术又有着各自独特的欣赏方式。明式花梨木家具的欣赏，首先要了解明式家具是在什么样的文化背景下所产生的，然后依次了解明式花梨木家具的设计理念、制作工艺、创作原理和所强调的思维理念。使之真正从明式花梨木家具的艺术内涵中，品味出它杰出的艺术造诣，体会到明式花梨木家具巅峰之作的艺术境界。

美，有天然美和人工美。然而，艺术的美，必定是通过人的智慧创造出的。人们在欣赏和衡量花梨木家具的价值时，不仅仅要看到大自然所赋予花梨木天然的美，更要看到花梨木的美

海南黄花梨　手串

和人的智慧结合后，共同创造出的明式花梨木家具的艺术美，更应看到和理解花梨木经人们精心雕琢后所赋予的艺术生命，从而产生极其丰富的文化内涵的美。

在人类历史的长河中，战争能达到征服，但只能是短暂的；经济发展是周期性的，它可以带来盛极一时的繁荣昌盛，但却都无法持续永恒。真正能持续永恒地体现一个国家和民族强大，真正能征服世人，影响世界，长期为人类不断作出贡献的却是文化。杰出的文化是人类长期生活的经验积累，一旦锻造形成，它将刻骨铭心并深深植入人们的灵魂里，万世不可磨灭。

今天人们重新热爱、推崇、追逐明清家具，不仅是骨子里的中国传统文化情结，也反映出新时代的人们在慢慢品味历史沧桑的同时，对中国传统古典家具的追思和热爱。所以，不能把这种行为简单地理解为"复古"。这种行为的背后，实际上是中国传统文化在新的历史时期的继承、发扬光大并不断发展的体现。

明式花梨木家具备受人们的喜爱，与它蕴藏着非常丰富的文化内涵有着密切关系。中国几千年的灿烂文化，人们的行为无不深深打上这些文化的烙印，明式花梨木家具正是这种文化的结晶。

如今众多的中国古典明清家具研究者，几乎在他们对明式花梨木家具总结的著作和文章中

黄花梨　清式太师椅

都写道："明式花梨木家具造型之简洁，比例之协调，尺寸之合理，榫卯之科学，结构之牢固，设计之典雅，用材之珍贵，光素之自然，雕刻之严谨，品种之齐全……"人们不妨思考一下：这种对明式花梨木家具成就的定位总结，是否已经准确地把握住并说明了明式花梨木家具巅峰之作和艺术成就的实质？这个总结，仅是对明式花梨木家具表象的概括，并没有全面反映出明式花梨木家具为家具制作艺术巅峰之作的这个定位。我们试用另一种思维方式重新审视明式花梨木家具，或许能对它有更为准确的认识，找到它原本应有的定位。

汉唐，中国建筑已经发展得相当成熟和完善。但同时期的家具并没有完成由低向高发展的转变，人们依然长期保持席地而坐的生活方式。然而，从宋代到明代中晚期，中国家具彻底完成了由低向高、由简单到复杂、由单一走向配套，材料由软木转向硬木，最终创造出明式家具

越南黄花梨　笔筒　一木套作（作者：徐元宝）

的辉煌。

　　江南地区自古人杰地灵，人文荟萃，素有人间天堂、鱼米之乡美称，还是我国欣赏艺术的发祥地。南北朝时期，国家分裂，居住京城的贵族中的一部分，带着财富随旧政权迁移到南方。当北朝的文人依然沉浸在经、史、子、集时，伴随南朝的文人则领着朝廷稳定而丰厚的俸禄，在杏花春雨江南里步入诗歌、辞赋、绘画、书法欣赏的艺术天堂。明式家具的欣赏基因，也正是在这样的环境中孕育出来。

　　明朝人完成了对木材的总结，并在继承和借鉴了宋代高足木家具造型的基础上，悉心总结和完善了宋代高足木家具的造型，将日常生活所需的各种功能家具配套完善。同时，明式花梨木家具秉承和发扬了中国古代漆器家具功用与欣赏并兼的这一理念，打造出极具明朝风格的家具造型。与宋代木制家具最大的不同，是明式家具选择了使用珍贵的热带雨林硬木来制作家具，以之作为家具观赏新的艺术表现形式。正是这一突破，改写了中国家具制作的历史，从而使中国家具艺术得到了新的飞跃。

黄花梨　明式小平头案

　　花梨木颇具中国人的性格，豁达而含蓄，柔韧而正直，亲切而不妩媚，大方而隐逸，符合中国古代文人雅士的理想境界和他们的人生追求，这也正是他们喜爱花梨木的重要原因。明式花梨木家具是古代文人将天然的自然美与人的心灵、思想情趣、理想境界、创造精神和智慧、人的巧力完美结合后，所创造出来的古代艺术典范。明式家具简洁的线条造型与行云流水复杂的花梨木纹理，它们本应是相互对立的事物，但经碰撞后却变得如此完美，不仅相互统一、相互协调，而且相映成趣、相得益彰。

　　明式花梨木家具，成为中国古典家具制作的里程碑而载入史册。它最显著的标志是：明式花梨木家具不仅仅具有满足家庭日常生活的使用功能，同时更具有欣赏的艺术功能。而且，家具欣赏的艺术功能还远远超越了家具原本的使用功能。

　　明式花梨木家具的创造者从最初的构思开始，就把家具的着眼点落在了艺术欣赏上，而把家具的使用功能相对地放在其后。支持这个论点有二：一、选用制作家具的材料时，已经充分考虑为体现家具作为欣赏品的这一艺术构思；二、无论家具整体造型与各细部构件把握的准确完美，还是工艺要求的苛刻程度，都完全出于欣赏的最终目的。

　　花梨木的纹理独具一种诗意美、朦胧美、浪漫美、神秘美和变化莫测的美；而花梨木的质感和色调又是那么瑰丽而优雅，犹如空中的晚霞，常常出现让人们意想不到梦幻般迷人的幻彩。这种非人力之巧所能产生的神奇视觉效果，增添了几分尽在不言中的浪漫情调。

　　明朝人在制作家具时秉承了宋代高足木制家具空灵的这一风格，但是他们发现用软木类的木材制作空灵风格型的家具，在呈现典雅、简练的同时，却显得过于单调。明式花梨木家具的

越南黄花梨　小茶壶（图片提供：明红雅集）

艺术成就之一就是：充分运用了花梨木充满动感，行云流水般丰富、自然、生动的天然木材纹理，为空灵造型的家具披上了一件生动、绚丽、高雅的外衣，从而消除了空灵式家具过于单调的这一缺陷，因之更具欣赏的艺术情趣。

中国审美文化里还包含着两个重要元素，即"像"与"似"，"像"是比较形状中一种具象的表现，"似"更多的则是表达物体形状以外抽象的感觉。在艺术审美中，艺术品所反映的"像"或"似"，对审美者增添了许多情趣上的亮点，更满足了人们对想象的需求。花梨木像玉似玉的质感，往往让人们与玉产生联想。这种与玉有着温润光洁、纹理多变酷似的特征，被有着千百年玉文化沉淀国度的人们所喜爱，也是花梨木的价值能得以提升的重要原因。

第二节

黄花梨的艺术

　　花梨木纹理像天空流动着的云气纹，变幻莫测。花梨木的纹理像水，宁静安详。在不同的灯光、不同的视角下，花梨木质感中那种若隐若现、像琥珀一样晶莹剔透，符合中国人含蓄、幽绝的审美趣味，充分体现在道家哲学背景下，花梨木家具与人、人与自然和谐一体，互为平衡的理想境界。

　　精湛的艺术，不仅要具有思想性、创造性、观赏性和不可重复性，而且，最重要的是注重制作过程每个环节中的细节，绝对不能出现瑕疵。也因此明式花梨木家具在制作过程中，对每一个环节中的每一个细节，都要求做到一丝不苟。

明式家具在造型的设计上，讲求线条挺拔，体态秀丽，轮廓简练，舒展大方。这是明代文人士大夫们追求的优雅、清秀的美，在现代美学中称之为柔美。柔美的对象引起平静的愉悦和心旷神怡的审美感受。这种造型风格的家具，从中国古代家具演变过程中考量，是在传承了宋代高足木制家具造型的基础上完善的。

圈椅的圆弧，官帽椅的搭脑，椅子的扶手、柱腿、牙子、枨子等构件，构成家具形体的曲线起伏，对比微妙，变化丰富，或翘或垂，或仰或倾，或出或收，或曲或直，或刚或柔，充分显示了家具线条语言的艺术魅力。同时造成轻盈生动的气韵，以组合的简洁、高低、开合、虚实、藏露，流畅、挺劲、优美、富有弹性和韵味，通过直线、曲线的不同组合，线与面的交替所产生的光影效果，增加了家具的层次感，从而使家具造型更加充实丰富。家具造型像书法一样注重留白，随之而产生了用书法的线性艺术构成家具线形流动的节奏与韵律。

明式家具讲求线条，清式家具讲究符号。明代文人在设计花梨木家具时，秉承了宋代高足木制家具造型的风格，同时也继承了宋代高足木制家具融入和体现书法艺术的这一特点。明式家具这种体现书法艺术的设计，还反映出文人追求汉艺术文化里对生活的热情，蓬勃旺盛的生命感，乐观开朗的情怀和丰富的艺术想象。"圆熟老到，生动而不浅薄，精美而有气度"，看重其内在美的气度美、气质美、风韵美、风骨美。这些费尽心机的设计，若仅仅是为了家具的基本功用，也未免太过"奢侈"了吧。这难道不是明代文人为满足欣赏和寄托思想需要而设计的吗？

明式花梨木家具在设计和制作中，特别注重家具整体造型与家具每一个构件之间协调的比例关系，使家具制作完成后各个部件都与整体造型相互协调，收到整体和谐的艺术效果。

明式花梨木家具在制作中，不因家具整体尺寸的大小，其各个部件的结构连接，一律采用

黄花梨　云石屏（作者：徐元宝）

传统木结构建筑所使用的榫卯结构。通常除了凳、椅这类使用中经常发生摇动的家具，需要在榫卯连接中补助使用一些动物胶外，其他较大型家具的结构连接所用的榫卯，一般都不使用胶来作补助，并做到密合如丝。这种要求无疑对家具榫卯结构的科学性、工艺性提出更高的要求。为了使接口更加密合，天衣无缝，工匠们巧运心智，细心操作。

明式花梨木家具崇尚自然，首先体现在选材上。它的主流用材是选择肌理细腻、气味清香、纹美质朴的花梨木。用花梨木制作的光素家具让人赏心悦目、心旷神怡，有自然亲切之感。其次表现在制作工艺上，明式花梨木家具从不追求繁缛的雕刻，以免破坏木纹的天然纹理。朴素美、自然美和真实美，这种"大巧若拙"的最高审美境界，成为明式花梨木家具最为典型的风格。

中国人对事物观察的细微、对仿生原理的深刻理解和运用，都是超乎人们想象的。体味这种情形，不妨把观察点落到明式花梨木家具的具体细部上，人们知道明式花梨木家具在许多家具部件上都运用了仿生原理。S型的椅背，就是效仿人体脊梁的自然弯曲。然而，除此之外，

海南黄花梨　小底座（图片提供：明红雅集）

经典的明式花梨木家具的每个拐弯处的圆角，总是留下像大拇指般的圆弧；许多家具部件都体现出人肩膀的自然溜肩弧度；罗汉床的弯腿、左右前后的大牙板都出现了孕妇圆弧的肚线；椅撑，效仿鹅脖活动瞬间优美曲线的姿态；案腿，常效仿人手臂由粗至细渐变的椭圆形。这种种优美的曲线，都被广泛地运用在家具上，这些仿生原理的巧妙运用，增添了家具整体韵味的视觉冲击。明式花梨木家具拟人的特征，细微观察可谓无所不在：家具外形恰同人的躯体，工艺如同人的生命，适度的比例是人的身材，直线的挺拔仿佛是人的气质，利落的线条产生精神，各种仿生曲线细腻的处理是神韵所在，纹理透出灵魂，质感注入精髓。

　　大自然是节律性的运动，使人类的生活也形成节律性的节奏，生活习惯性的节律，又使人们养成心理节奏、情感节奏。一切艺术的形成，离不开节奏。艺术节奏直通人的感情节奏，2/4 拍的音乐节奏给人意气风发的行速感，而 4/4 拍的音乐节奏则使人心情悠闲舒缓。观赏明式花梨木家具时的心情就如同人们欣赏 4/4 拍的抒情小夜曲，使人宁静轻松，心意怡然。

　　对明式花梨木家具内涵剖析的总结，更清晰地表明承载着中国几千年历史文化的明式花梨木家具，是集中国哲学思想、中国人对木材的总结和中国建筑木结构、书法艺术、雕刻艺术，工艺性、艺术性、欣赏性之大成，并从家具原本实用性的功能，上升至艺术性的欣赏功能。

"愉体者贱，娱心者贵。"欣赏性的功用来源于工具性的功用，却是工具性功用得到提升后所产生的文化艺术结晶。这种结晶，是文化的沉淀和千锤百炼锻造的结果，而明式花梨木艺术家具正是这种结果的具体体现。

明朝从太祖的强权政府发展到嘉靖年代，帝国已经开始走向衰落，嘉靖以后的隆庆、万历、泰昌、天启、崇祯这几位皇帝，不是短命，就是不作为。天启朝是明朝倒数第二个王朝。熹宗朱由校在位时间虽短，却是中国封建王朝史上最为特别的一位皇帝。现在看来，他在位期间虽在政治上没有建树，但对世人的贡献，则是推动了明式花梨木家具的发展。

熹宗在位七年，不是称职的天子，却是出类拔萃的木匠。他对木匠活有着强烈的兴趣，并显示出杰出的工艺天赋。"熹宗做起木匠活来常常会废寝忘食，有时玩到半夜也不休息。身边的太监、宫女们为了讨好主子，也尽心学习木匠手艺，争着做皇帝的助手。时间久了，一个个都成了能工巧匠，这可以说是熹宗一朝所独有的现象。"（《细说明代十六朝》下册第199页）熹宗因此被史学界称之为"木匠皇帝"。

明熹宗朱由校对明式花梨木家具发展的推动和贡献，虽然不能与唐太宗、宋徽宗这两位皇帝对书法、绘画、陶瓷艺术发展的贡献和推动相比。但是，中国天子的喜好，历来都是被国人效仿、附庸风雅的动力源泉。这位明朝皇帝在位期间，对明式家具的发展，不仅起着"上好下效"的推动作用，甚至引发了一场全国性家具制作的"大比武"，可谓是功不可没。

熹宗喜爱制作家具，并在皇宫里亲自动手设计、打造家具，这在中国乃至世界都是空前绝后、史无先例的。在他的喜好和推动下，明式家具的制作水平得以迅速地提高，并开始大规模地生产，从而使明式花梨木家具成为明朝晚期上流社会的流行时尚，同时也让明式家具的艺术走向辉煌。中国皇帝被视为天子，代表着上天的意愿。确实，历史上凡被皇帝眷顾过的艺术文化，今天都绽放出璀璨的光芒。

Precious Appreciation

行家宝鉴

黄花梨 ∘ | 收藏与鉴赏

第四章

黄花梨的保养与收藏

第一节

黄花梨的保养

一、黄花梨家具的保养

经常擦拭黄花梨家具可以起到清洁表面的蜡层和污垢，还能够起到防蛀的作用。方法是可以用家里的搓澡巾或是柔软的干棉布，在家具表面顺着其纹理的方向进行擦拭。

擦好过后就可以进行抛光了，这里的抛光是指用柔软的棉布对其反复盘搓，或者是将核桃去皮碾碎后，用纱布包裹着来涂抹在家具表面，因为黄梨家具与空气进行长时间的接触后，

黄花梨　摆件《硕果累累》（作者：徐元宝）

表面会形成一种土色的保护层。采用这两种方法就能够有助于恢复它原来的光泽。

　　擦好后，用布将它遮盖起来，使其尽量减少与空气的接触，让它慢慢恢复本来的颜色，然后再擦拭几遍，这样它的色泽就可以保持很长一段时间了。

　　为了更有利于黄花梨家具的保价，除了我们隔一段时间用少许蜡来擦拭外，还可以每隔半年或一年给家具上蜡，可以是蜂蜡或家用蜡。涂好蜡后不能将它放在空气流动强或者是过潮、过热、过干的环境内，当然更不能长时间阳光照射。

　　提到黄花梨家具的保养，就不得不提醒大家的是，不能用湿布或带有化学溶剂的物质来对它进行擦拭，也不能用"御守盐"之类粗盐来擦拭它，否则很容易使黄花梨家具变粗、变色，甚至变形开裂。

二、黄花梨手串的保养

我们一般入手的都是原珠，这时候由于表面没有任何的氧化层保护，黄花梨手串最容易损坏，我们在拿到新的原珠后，需要进行必要的抛光处理，使黄花梨手串表面更加光洁，以便后期的盘玩，抛光一般多由卖家完成，卖家有专用的抛光工具。

当黄花梨手串到达玩家的手中后，不必立即上手，准备一个可以扎上口的浴巾袋，将浴巾袋反过来，将黄花梨手串的珠子装进去，这样可以很好地起到保护作用，同事对珠子进行再次的抛光，是表面更加圆滑。

在浴巾袋放置 7 ～ 10 天左右，就可以上手了，这是请注意，由于黄花梨手串颜色较浅，玩家在盘的过程中尽量带上棉布手套，防止黄花梨手串表面刮伤。

黄花梨手串在盘的过程中，吸收了人体的汗液和油分，会慢慢形成一层固化的氧化膜，俗称包浆。包浆前期，氧化膜壁较薄，当我们发现黄花梨手串有段时间比较粘手，这时就是包浆

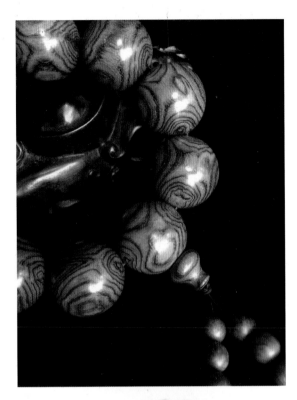

在形成的过程，这段时间请把黄花梨手串再次放置起来，稳固黄花梨手串氧化面，有利于包浆的快速巩固。

所有的黄花梨手串均怕水，所以我们在盘带把玩的过程中，尽量避免接触到水，如果不慎沾水请立即用棉布将水分擦干，将黄花梨手串放置在阴凉通风处阴干，避免受潮开裂或霉变。

形成包浆后的黄花梨手串，外表光泽度很高，加上木材本身的花纹，其经济价值、收藏价值和美观程度都是上上之选，所以，在黄花梨手串的保养过程中应注意防潮。

第二节

黄花梨的收藏

　　一般来说，同种材质同样品类的家具，明代的要比清代的家具价值高，比如同为方桌，明代的黄花梨木方桌能够拍到 30 多万，而清代的红木方桌能够拍到 10—15 万，价格相差一倍之多，究其原因，材质的价值差别固然是一个方向，但是年代的久远和不同的艺术欣赏价值也是不可小视的因素。另外从现代木料上看，按价格从高到低，依次排列为黑、黄、红、白，既紫檀木、黄花梨木、红木、其他材质的木料。前三种都是硬木家具，在古代社会也是富贵人家才有的，最后一种多为榉木、榆木等其他材质的木料。是寻常百姓家较为常用的家具。当然，这也并非一成不变的定规，有时会有因时因物而异，有些上好的杂木家具价格并不比优质的硬木家具低。不管怎样，有一点是可以肯定的，那就是无论古代硬木家具，还是古代杂木家具，其价值一直在上涨，而且收藏和爱好的人越来越多，越来越普通，水涨船高，古代家具的收藏盒增值潜力非同小可。再次，高价值的传统家具一般具有丰富的艺术性，给人以完美的精神享受，工艺上巧夺天工，技术高超，是比较独特或者比较稀少的品种。当然，如果保存状况良好，结构和部件基本完整，年代又较为久远，木料较为上等的话，其价值就更加具有吸引力了。所以，一件家具的价格除掉市场因素之外，基本由以下几个方面决定：艺术性、工艺性、年代、完整性、木质、稀有性。

清代前期制作的家具，造型风格、结构、做工和用料等方面与明代家具基本一致，具有很高的艺术价值，以至明代与清代前期的家具被同样誉为"明式家具"，在价值评估时，两者基本没有差别，一视同仁，平等对待。清代前期的家具与明代家具等值的情形给予我们一个启示，即古代家具的历史不是鉴定其价值的唯一标准甚至可以说是一个很次要的因素，而家具的造型艺术的优劣，才是家具价值的决定因素。不过品评工艺品，尤其是牵涉到它的艺术价值，既不容易讲得很具体，更难免有主观成分，而且欣赏者审美能力有高有低，审美放射审美趣味各不相同，仁者见仁，智者见智，必然有所分歧。因此某一个人的看法，未必能为他人所接受。总之，家具爱好者通过自己的视觉，必然会有亲身的感受，作出好坏美丑的判断。而任何人谈欣赏，只能代表他个人的看法，对别人只是提供参考。王世襄先生提出家具"十六品"和"八福"，"十六品"即简练、淳朴、厚拙、凝重、雄伟、圆浑、沉穆、辏华、文绮、妍秀、劲挺、柔婉、空灵、玲珑、典雅、清新；"八病"是"繁琐、赘复、臃肿、滞郁、淫巧、悖谬、失位、俚俗。

另外，制作工艺的水平也是衡量古代家具的重要尺度，主要可以从结构的合理程度、卯榫

黄花梨 民国款八仙桌

的精密性、雕刻的工艺水平等方面来考察。

再有，罕见和独特也是衡量古代家具作为文物价值的一个重要方面。罕见和独特都有物以稀为贵的内涵，不过二者各有侧重。再次，保存状况也是古代家具的评价标准的一部分。瓷器等古玩已有损坏，其价值便会随之有所降低甚至可能不值一文；对于木器家具来说，只要结构不被破坏，部件不丢失，即使有些损坏，甚至散了架也不失价值，因为那样可以经过修复，还其原本形貌，不仅商业价值不会大打折扣，而且其审美价值也不会受到丝毫影响。一般来说，如果一件家具二分之一以上部件是后配的，这件家具的价值就会受到极大的削减，原本很贵重

黄花梨　明式圆角柜

很有价值的古家具，会因此降低了收藏价值，而且，越完整价值越高，拆开来，就拆掉了其价值基础。当然，修理也是必需的，毕竟许多家具年代久远，数易其主，难免会有损伤。对于纯粹的收藏而言，在不影响家具实用功能的前提下，能不修理的还是不要修理；确实需要修理的家具也要注意能少修理就少修理；修理的时候不要损伤家具原貌；如果只是更换一些年久失修的小部件，那么旧部件也一定要保存好。

对于没有经过修理，即原本就完好无损的家具，虽然看起来可能肮脏污秽，但只需一点清洗工作就可以复其原貌了。而经过修复的家具就不同了，有时修复的年代较为久远，难以确定部件是否更换过，这就需要对部件以及所有附属配件进行细致入微的检查、比较和鉴别。

还有，收藏者修复工作也是可能影响古代家具价值的关键一环。不少明式家具结构稳定，硬木材质坚实耐用，历经数百年流传下来，本身基本没有什么损坏，只要稍加规整就可以恢复古朴雅致的风韵。若是过分修复反而会造成损坏，若是不小心去掉了原有的润泽的外层，损失了古代家具沉穆古雅的韵味，原物携带的历史痕迹作为判定家具年代、产地的重要依据，可能因此消失无形，原本好的动机反而降低了古代家具的价值。

图片摘自徐元宝专著《几案之珍》

黄花梨 °| 收藏与鉴赏

第五章

作品鉴赏

明黄花梨四出头高靠背官帽椅（图片提供：北京保利）

海南黄花梨　清式荷花宝座

明　黄花梨圈椅一对（图片提供：北京保利）

明　黄花梨方材圆角柜（图片提供：北京保利）

黄花梨　方凳（作者：徐元宝）

明 黄花梨一柱香如意云纹独板画案

黄花梨　官帽椅　68cm×58cm×118cm　图片摘自徐元宝专著《几案之珍》

清早期 黄花梨云纹紋圈椅（图片提供：南京正大）

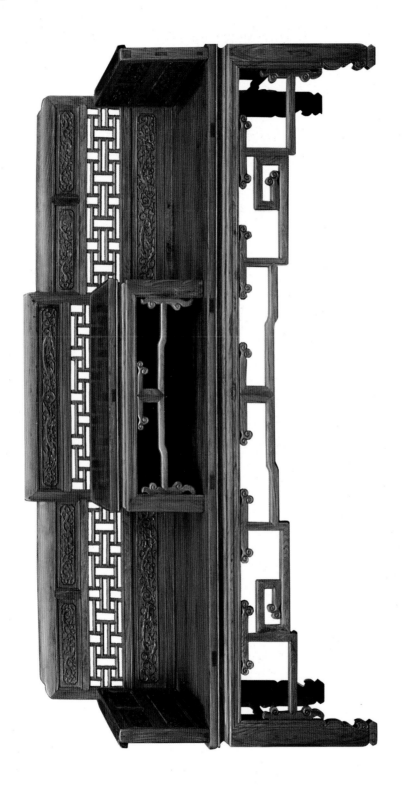

黄花梨 清式三人坐

黄花梨　明式三围板罗汉床

黄花梨　清式半桌

越南黄花梨　明式式书柜

黄花梨　高低床

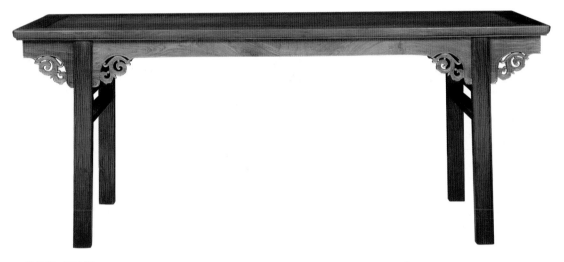

黄花梨 平头案

黄花梨 明式三弯腿小炕桌

黄花梨　民国款花几

海南黄花梨 清式大笔洗 《青云直上》（作者：徐元宝）

黄花梨　可拆独板　平桌　142cm×86cm×86cm　图片摘自徐元宝专著《几案之珍》

黄花梨　书案　145cm×53cm×83cm　图片摘自徐元宝专著《几案之珍》

黄花梨　架几案　145cm×38cm×84cm　图片摘自徐元宝专著《几案之珍》

黄花梨　明式如意平头案

黄花梨　明式八仙桌

黄花梨　明式万历柜

黄花梨　明式直棂架

海南黄花梨 曲尺软屉罗汉床

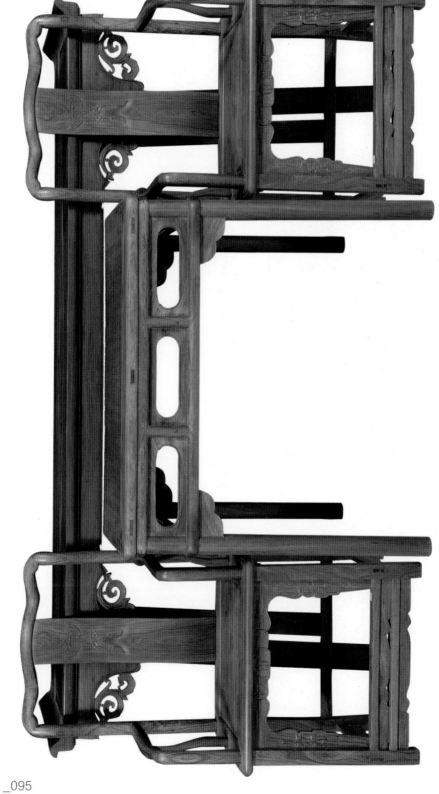

海南黄花梨 中堂全套

海南黄花梨　麒麟交椅